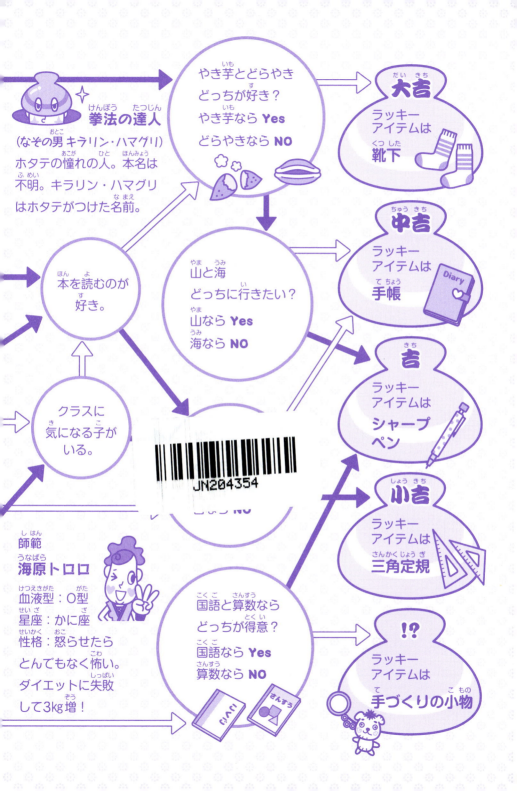

はじめに

田中博史

(筑波大学附属小学校 副校長)

割合って難しいの

　割合の学習というと、「比べられる量÷もとにする量」という公式がすぐに思いうかぶ人が多いと思います。でも、この公式、案外使いにくいという声もあるのです。皆さんの中には「比べられる量はどれ？」と尋ねられても困るという人もいるでしょう。だって出会う問題に出ている数は実はどれも比べているのですから。

　だから、まずはそんなことに悩まずに、自分のイメージに合う方法でもっと気軽に考えてみることから始めてみましょう。10回シュートして3回入ったとすると、シュートの成功率は $\frac{3}{10}$ とすぐに表せるんじゃないでしょうか。これならその場でぱっと思いつくことができると思いませんか。

　この本では、すぐに公式などの形式に頼るのではなく、まずは気軽に、そして自分がイメージしたように割合を表現していいんだというところから入っていきます。

　分数はとても便利な数の表し方ですが、実は量と量の関係を表すという大切な役割ももっています。もともと日本の子どもは分数に割合のイメージを強くもっていて量のイメージが乏しいと言われてきましたが、それなら逆にもっと分数を割合を表すことに使ってみたらどうでしょう。

24人のクラスで6人休んだ時の欠席率は…と言われて $\frac{6}{24}$ でいいと考えたら、苦手なはずの割合も少し気軽になりませんか。ほら、笑顔になったでしょう。それでいいのです。もちろん、割合の問題にはこうした全体と部分の関係だけではないものも次の段階で学びますが、まずはその入門期には、今まで学んできた倍の勉強との関係、さらにはイメージそのままに分数で表現できることを大いに活かして割合を身近なものにしていきましょう。

　歩合や百分率などの表し方へとその姿を変えていく練習をするのは次の段階でいいのです。整理してみると、もしかしたら、皆さんが苦手なのは、この変身の仕方だけだったのかもしれませんよ。

　読者の皆さんに、この算数忍者で、割合はそんなに難しくないんだとまずは感じてもらえたらいいなと思います。割合と聞くと暗くなっていた皆さんが、明るい笑顔に変わることを願っています。

もくじ

修行その一
「え？ 差と倍って何よ？」の段 ……… 5
確認問題① ……………………………… 28

修行その二
「オーシャンスタジアムへGO！」の段 … 29
確認問題② ……………………………… 66

修行その三
「割合感覚をみがけ！」の段 …………… 67
確認問題③ ……………………………… 96

修行その四
「へー、割合って楽しいじゃん！」の段 … 97
キラリン・ハマグリのちょっと休けい …… 112
確認問題の答え ………………………… 118

店の前にはり紙が…

あれ？何？このはり紙！

お知らせ

毎度ごひいきにあずかり、ありがとうございます。
当店は、経営悪化のため、この度、やむなく全品平等に値上げをさせていただくことにいたしました。
お客様にはたいへんごめいわくをおかけしますが、どうぞ今後ともよろしくお願い申し上げます。

満丸堂本舗　店主

お知らせ

毎度ごひいきにあずかり、
ありがとうございます。
当店は、経営悪化のため、
この度、やむなく全品平等に
値上げをさせていただくことに
いたしました。
お客様にはたいへんごめいわくを
おかけしますが、どうぞ今後とも
よろしくお願い申し上げます。

満丸堂本舗　店主

ちょっと、何よ、このはり紙！
全品平等値上げってどういうこと？

いらっしゃい。
すみませんねぇ。

全品同じだけ
値上げさせてもらったよ。

カステラ
1000円
→
1100円

特大
どらやき
500円
→
600円

まんじゅう
50円
→
150円

ちょっと、まった！
いい？
よく考えて！

カステラ	どらやき	まんじゅう
	 特大	
1000円	500円	50円
↓	↓	↓
1100円	600円	150円

1000円のカステラが1100円に、
500円の特大どらやきが600円に、
50円のまんじゅうは150円だよ！

はい。そうさせて
もらいました。

「50円のまんじゅうが150円っていったら、3倍だよ！」

「3倍なんてありえないでしょ！」

50円 →3倍→ 150円

「1000円のカステラを3倍にしたら3000円だよ！」

1000円 →3倍→ 3000円

「わー、ほんとだぁー。そう考えたらおかしいね。」

3倍はないわー！

でもさぁ〜
1000円のカステラは
1100円になったんでしょ？

1000円が1100円に
なったのは何倍って
いうの？

カステラ

1000円 —何倍？→ 1100円

1100 ÷ 1000 = 1.1
だから、1.1倍！

えーと
えーと

じゃあ、500円の特大どらやきが600円になったのは？

500円 —何倍？→ 600円

600 ÷ 500 = 1.2
だから、1.2倍！

ちょっとまった…

おばさんは 100 円値上げが平等だっていってるけど！

カステラ	どらやき	まんじゅう

1000円

特大

500円

50円

↓ 1100円 ↓ 600円 ↓ 150円

倍でいったら
1000
⇒1100
は 1.1 倍

倍でいったら
500
⇒600
は 1.2 倍

倍でいったら
50
⇒150
は 3 倍

だから、ちっとも平等じゃないよ！

カステラ

えーっと。
1000円のカステラは
100円値上げで1100円
だから…。

1000円 →100円値上げ→ 1100円

100円は
1000円の
$\frac{1}{10}$

どらやき 特大

500円の$\frac{1}{10}$は
50円だから、どらやきは
50円値上げして550円！

500円 →50円値上げ→ 550円

500円の
$\frac{1}{10}$は
50円

50円の $\frac{1}{10}$ は
5円だから、まんじゅうは
5円値上げして55円！

まんじゅう

50円 →(5円値上げ)→ 55円

50円の $\frac{1}{10}$ は 5円

もとの値段の $\frac{1}{10}$ ずつの値上げ！
みんな 1.1 倍

$1000 \times 1.1 = 1100$
$500 \times 1.1 = 550$
$50 \times 1.1 = 55$

差じゃなくて、
倍を同じにしたから、
これで平等よ！

なるほど！
ワサビちゃん、
すごい！

OK！

17

ワサビちゃん、おばさん困ってるよ！早くカステラ買って帰ろうよ！

どらやきも買おうよ！

はぁ？値上げの話はもういいわけ？なんでも100円値上げっておかしいでしょ！

すまないねぇ。おわびに野球のチケットをあげるから、みんなで行ってよ。

レッドスターズ 対 ブルーヘブンズ
9月29日（土）13：30〜
オーシャンスタジアム　内野指定席 H21

レッドスターズ
対
ブルーヘブンズ
9月29日（土）
13：30〜
内野指定席 H21

うわー、明後日の試合！5枚ももらえるの？ありがとう！

トロロさん、カステラとどらやき買ってきたよ。野球の試合に行こうよ！

おばさんは100円値上げが平等だっていってるけど！

カステラ
1000円
⇒ 1100円

どらやき 特大
500円
⇒ 600円

まんじゅう
50円
⇒ 150円

倍でいったら
1000
⇒1100
は1.1倍

倍でいったら
500
⇒600
は1.2倍

倍でいったら
50
⇒150
は3倍

100円引きってことは、差でいったら100円のちがいで同じみたいだけど…

だから、ちっとも平等じゃないよ！

1000円の幕の内弁当
→ 900円

100円引き

500円のサンドイッチ
→ 400円

1000円の
幕の内弁当

↓

900円

差は、どちらも
100円
だけど…

500円のサンドイッチ

↓

400円

「倍でいったらちがう！」
っていうんでしょ？

1000円⇒900円ってことは、
少なくなっているでしょ？
倍っていうのはもとに比べて
どれだけ大きくなったか？って
ことじゃないの？

え？ 0.5倍とか、0.6倍とか1より小さい数をかけるのも勉強したじゃん！

あー，ぼくのきらいなタイプだぁ…なんかわかんないんだよね。

まぁ，まぁ。こんな問題てどう？

1m 80円のリボンを0.6m 買いました。代金はいくらですか？

1より小さい数をかけると，かならず答えがもとの数より小さくなるのよね。

式は 80×0.6＝48

答え 48円

やったかも。

算数忍者②で勉強したよ！

1000円の幕の内弁当が900円!

だけど、1000円が900円になったのは何倍っていうの？やっぱり意味がわからない！

うーん、じゃあ、これならどう？

1000円 × □ = 900円

□に入るのが、1だったら
1000 × 1 = 1000 でしょ。
0.5だったら
1000 × 0.5 = 500 でしょ？

あ、わかった！
1000 × 0.9 = 900 だから
0.9倍だね！

じゃあさぁ、
500円のサンドイッチが400円になったのは

500 × ☐ = 400
☐ = 400 ÷ 500
☐ = 0.8

でいいの？

ふーん。
幕の内弁当は0.9倍で
サンドイッチは0.8倍なのか〜。

ナイス！
ホタテ！

へー、差で考えるのと倍で考えるのはちがうんだね！

力説！

そう！
差と倍はちがうの！
同じ100円引きでも…

ワサビちゃん、なんでそんなにムキになってるの？

1 500円の絵の具を700円に値上げしました。
① 何円高くなった？

② 何倍になった？

2 500円の絵の具を300円に値下げしました。
① 何円安くなった？

② 何倍になった？

「差と倍で考えるんだね!!」

「差でいったら、どちらも200円だけど、倍で考えると…」

答えは118ページにあるよ！

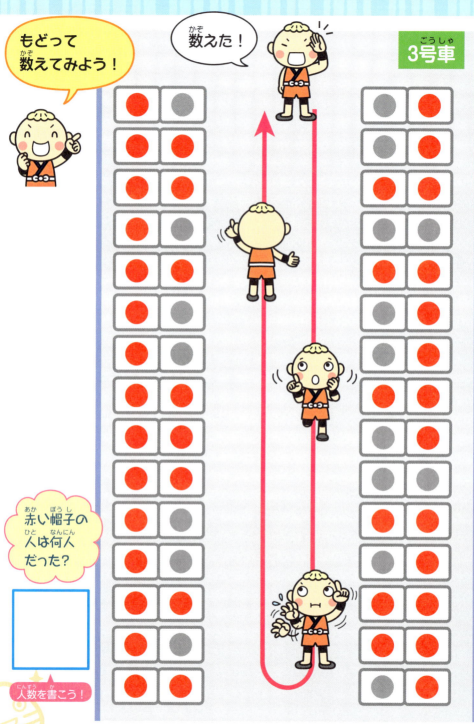

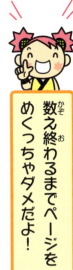

数え終わるまでページをめくっちゃダメだよ！

赤い帽子の人は何人だった？

人数を書こう！

ジャ〜ン、発表します！

3号車には赤い帽子の人が **42**人乗ってたよ！

4号車には赤い帽子の人が **36**人乗ってたよ！

やっぱり3号車のほうが赤っぽいと感じたのは当たっていたね！

3号車

🚻	1D	2D	3D	4D	5D	6D	7D	8D	9D	10D	11D	12D	13D	14D	15D
	1C	2C	3C	4C	5C	6C	7C	8C	9C	10C	11C	12C	13C	14C	15C
📞	1B	2B	3B	4B	5B	6B	7B	8B	9B	10B	11B	12B	13B	14B	15B
	1A	2A	3A	4A	5A	6A	7A	8A	9A	10A	11A	12A	13A	14A	15A

4号車

💼	1D	2D	3D	4D	5D	6D	7D	8D	9D	10D	11D	12D	13D	14D	15D
	1C	2C	3C	4C	5C	6C	7C	8C	9C	10C	11C	12C	13C	14C	15C
👤	1B	2B	3B	4B	5B	6B	7B	8B	9B	10B	11B	12B	13B	14B	15B
	1A	2A	3A	4A	5A	6A	7A	8A	9A	10A	11A	12A	13A	14A	15A

数えなくても
パッとわかった！
いいカンしてるね!!

早く次に
行こう！

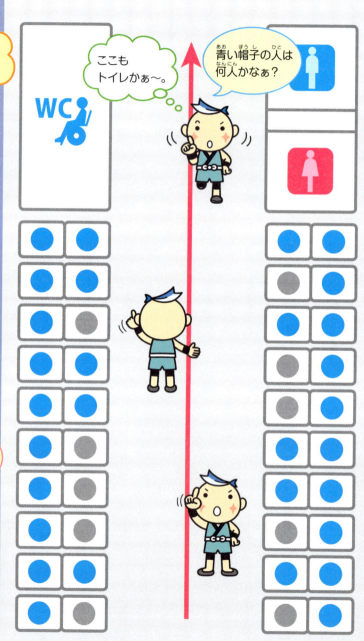

少ないんだけど、青っぽいって感じで…

うーん、うまくいえないけれど…
そういえば5号車は全部の人の数が少ないっていうかぁ…

少ない？　もしかしたら！

5号車って、3号車や4号車と比べてせまいのかも…

3号車

60人のうちの 42人が赤い帽子！

4号車

60人のうちの 36人が赤い帽子！

5号車

40人のうちの 30人が青い帽子！

3号車と4号車は 4人がけ の席が15列だから…
4×15で60
全体の人数は60人！

5号車は
4×10＝40
全体の人数は40人！

ナットク!!

5号車は全体の人数が少ないから青い帽子でいっぱいに見えるんだね！

うーん、そうかなぁ。

じゃあさぁ～、もしも、帽子をかぶったお客さんたちに、前のほうにつめてすわってもらったとするよ…。

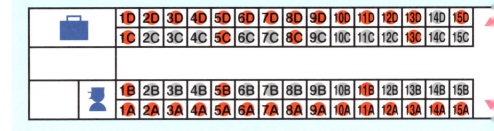

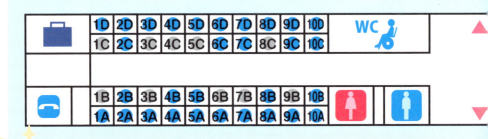

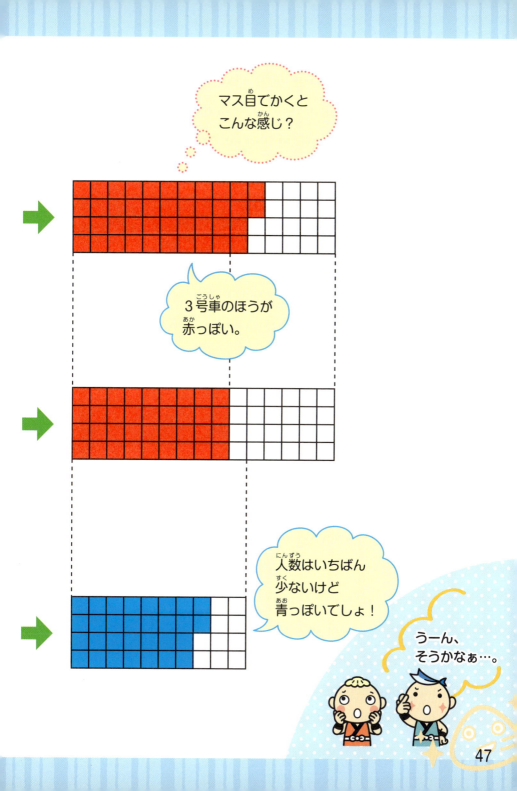

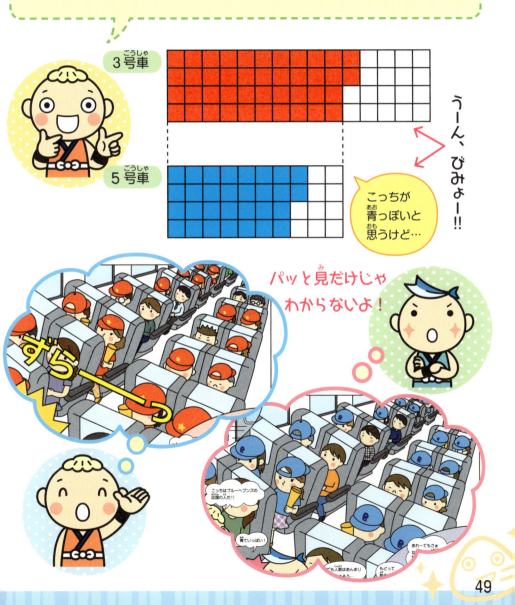

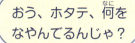

あ、キラリンのおじさん！
3号車と4号車と5号車で
どの車両が赤っぽいとか
青っぽいとか比べているんだけど
なんかよくわかんなく
なっちゃった。

3号車と4号車は比べられたの！
全体の人数が同じだから…
でも！ 3号車と5号車は比べられるのかどうか
わかんない！

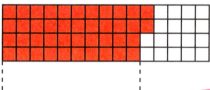

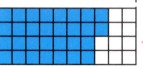

こっちのほうが
青っぽいと思うんだけど…

ホタテ、その赤っぽいとか、
青っぽいっていうのは
なんのことだい？

えー、だからー

3号車と4号車は赤い帽子をかぶった人がたくさん乗っていて、赤っぽかったの！

5号車には青い帽子をかぶった人がたくさん乗っていたの。

それでね、人数は5号車のほうが少ないんだけど、何となく青っぽいんだよね。

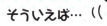

赤っぽいとか、青っぽいというのは、「割合」を考えていたんだよ。

割合？ あー、知ってる！

割合 ＝ 比べられる量 ÷ もとにする量

って習ったよね！

そうそう、もとにする量を1として、比べられる量がいくつにあたるかを表した数を割合っていうんだ。

比べられる量？   もとにする量？

この言葉がわからないよね！

うん！わかんない！

割合っていういい方が
むずかしかったら、赤っぽい、
青っぽいでもいいさ。

では ホタテに

りんごが20こあって、
そのうちの4こが青りんごだとするよ。
下の絵を見て、ホタテなら
どれだけ青っぽいという？

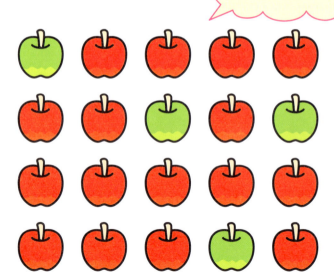

全部で20こ、そのうちの4こが青ってことは…

$\frac{4}{20}$

青りんごの数

全部の数

$\frac{4}{20}$が青っていえるね！

分数で表すとイメージ通りだね！

いいじゃないか！
車両の赤っぽさ、青っぽさも
全体と部分と考えて、同じように
表せないかい？

あ！
そうか！
赤っぽさ
青っぽさって
割合かぁ。

部分 —— 帽子をかぶった人の数

——————

全体 —— 車両に乗っている全体の人数

で表せるね！

よーし、全体と部分で表すよ！

3号車

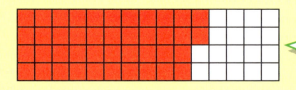

全体が 60 で
赤い部分が
42 だから

4号車

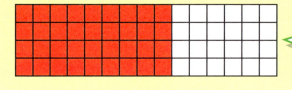

全体が 60 で
赤い部分が
36 だから

5号車

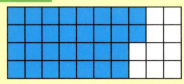

全体が 40 で
青い部分が
30 だから

できた！

なーんだ！！

割合を求めるのは

部分/全体 とすればイメージ通りだから…

公式を覚えなくてもいいね！

→ $\frac{42}{60}$

その通り！

でも、いつも全体と部分の問題ばかりじゃないけど、今はまあいいか…。

→ $\frac{36}{60}$

ちょっと待って！

$\frac{42}{60}$ $\frac{36}{60}$ $\frac{30}{40}$ じゃ

比べられないよ〜！

→ $\frac{30}{40}$

え〜っと、分母がちがうときは
分母をそろえればいいって
やったじゃない！

通分！ すれば比べられるよ！

$\frac{42}{60}$　$\frac{36}{60}$　$\frac{30}{40}$ を

通分！ すると…

うーんと、
60と40だったら
分母は120でいいか！

3号車　$\frac{42}{60}$ → $\frac{84}{120}$

4号車　$\frac{36}{60}$ → $\frac{72}{120}$

5号車　$\frac{30}{40}$ → $\frac{90}{120}$

分母を120でそろえたら…

❷ $\frac{84}{120}$ 3号車

❸ $\frac{72}{120}$ 4号車

❶ $\frac{90}{120}$ 5号車

帽子をかぶっている人の割合は5号車がいちばん多い。次に多いのは3号車で、帽子をかぶっている人の割合がいちばん少ないのが4号車ってわかるね！

ナットク!!

やっぱり、5号車がいちばん青っぽかったんだね！

割合って分数で考えたら簡単かも。

よ～し！ここでちょっと休けい！

ジャーン！まと赤に当たったら勝ち

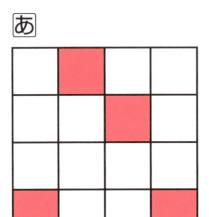
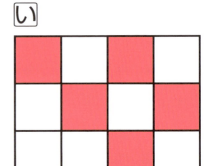

当てゲームにちょうせん！！してみる？
あ～えのどのまとを選ぶ？

う
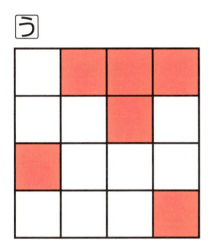

え
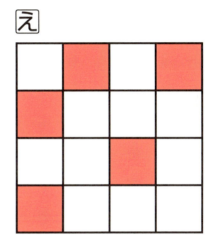

部分／全体

赤い部分のマスの数／全体のマスの数 で表せばいいね！

赤いマスの数を数えれば簡単だね！

あは、全体が16で赤い部分が4だから、$\frac{4}{16}$

いは、全体が16で赤い部分が7だから、$\frac{7}{16}$

うは、全体が16で赤い部分が6だから、$\frac{6}{16}$

えは、全体が16で赤い部分が5だから、$\frac{5}{16}$

よーし、1人3発投げるよ！

こっちもいいケド

このかたまりをねらって投げたら当たりそう！

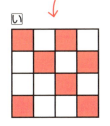
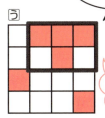

この6マスだけなら $\frac{4}{6}$ が赤！

結果発表！！

第1位　3発命中　ワサビちゃん＆ホタテくん

第3位　マグロくん！　1発

やったね〜

さぁー勉強にもどるよ〜！

63

赤っぽいのは1号車？ 2号車？

1号車は50席が満席、
32人が赤い帽子だったよ！

1号車

| | 1D | 2D | 3D | 4D | 5D | 6D | 7D | 8D | 9D | 10D | 11D | 12D |
| | 1C | 2C | 3C | 4C | 5C | 6C | 7C | 8C | 9C | 10C | 11C | 12C |

| | 1B | 2B | 3B | 4B | 5B | 6B | 7B | 8B | 9B | 10B | 11B | 12B | 13B |
| | 1A | 2A | 3A | 4A | 5A | 6A | 7A | 8A | 9A | 10A | 11A | 12A | 13A |

2号車は64席が満席、
32人が赤い帽子だったよ！

2号車

| | 1D | 2D | 3D | 4D | 5D | 6D | 7D | 8D | 9D | 10D | 11D | 12D | 13D | 14D | 15D | 16D |
| | 1C | 2C | 3C | 4C | 5C | 6C | 7C | 8C | 9C | 10C | 11C | 12C | 13C | 14C | 15C | 16C |

| | 1B | 2B | 3B | 4B | 5B | 6B | 7B | 8B | 9B | 10B | 11B | 12B | 13B | 14B | 15B | 16B |
| | 1A | 2A | 3A | 4A | 5A | 6A | 7A | 8A | 9A | 10A | 11A | 12A | 13A | 14A | 15A | 16A |

こっそり
数えて
きちゃった!!

答えは118ページにあるよ！

お弁当の時間ですが ここで 問題 に ちょうせんしてみる？

上のお話と合うものを

10回シュートして 8回入ったとき

どれだけ入ったといえる？

8回シュートして 5回入ったとき

どれだけ入ったといえる？

$\frac{8}{10}$

$\frac{5}{8}$

下から見つけて線でつないでね！

制限時間 2分

15回シュートして **5**回入ったとき
どれだけ入ったといえる？

20回シュートして **5**回入ったとき
どれだけ入ったといえる？

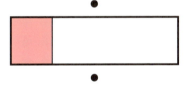

$\dfrac{5}{20}$

$\dfrac{5}{15}$

答え合わせの時間でーす！

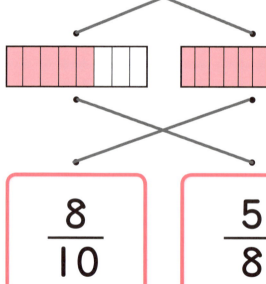

- 10回シュートして 8回入ったとき　どれだけ入ったといえる？
- 8回シュートして 5回入ったとき　どれだけ入ったといえる？
- 15回シュートして 5回入ったとき　どれだけ入ったといえる？

$\dfrac{8}{10}$　$\dfrac{5}{8}$　$\dfrac{5}{20}$

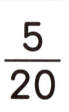

帯の図もわかった？

入った回数 / シュートした回数
って表しているのね！

20回シュートして5回入ったとき
どれだけ入ったといえる？

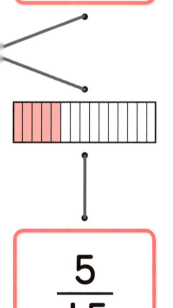

$\frac{5}{15}$

ねえねえ
$\frac{8}{10}$ は $\frac{4}{5}$ って書かなくていいの？

書いてもいいけど、
$\frac{8}{10}$ のほうが
10回シュートして8回入ったことが
わかるから、$\frac{8}{10}$ のままでいいのよ！

 じゃあ、次の 問題 にチャレンジしてみる？

 上のお話と合うものを

| 20本のくじのうち 15本が当たりのとき 当たりくじの割合は？ | 10本のくじのうち 4本が当たりのとき 当たりくじの割合は？ |

 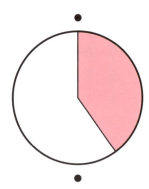

$\dfrac{4}{10}$ $\dfrac{15}{20}$

下から見つけて線でつないでね！

制限時間 2分

32本のくじのうち **17**本が当たりのとき 当たりくじの割合は？

32本のくじのうち **4**本が当たりのとき 当たりくじの割合は？

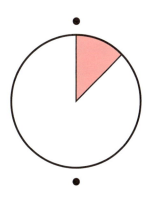

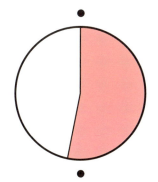

$\dfrac{4}{32}$

$\dfrac{17}{32}$

答え合わせの時間でーす！

20本のくじのうち
15本が当たりのとき
当たりくじの割合は？

10本のくじのうち
4本が当たりのとき
当たりくじの割合は？

32本のくじのうち
17本が当たりのとき
当たりくじの割合は？

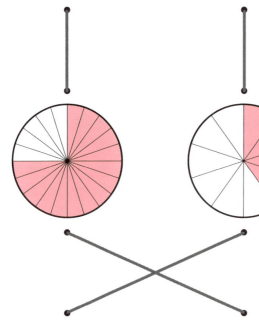

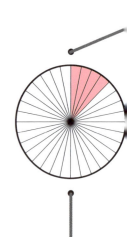

$\dfrac{4}{10}$

$\dfrac{15}{20}$

$\dfrac{4}{32}$

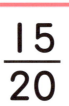

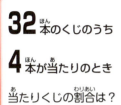

32本のくじのうち 4本が当たりのとき 当たりくじの割合は？

$\frac{4}{10}$ とか $\frac{15}{20}$ とか、分数だとそのまま表せちゃうから便利！分数でいいなら割合って楽勝ね！

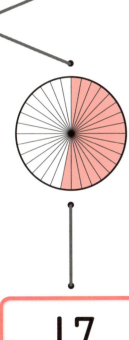

$\frac{17}{32}$

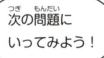

次の問題にいってみよう！

どれがいちばん

今度は
こんな問題
どうかしら！

あ　　　　　　　　　い

(　　　)　　　(　　　)

いちばん赤っぽいものに1、次に赤っぽいものに2、その次に赤っぽいものに3、いちばん赤っぽくないものに4を書こう！

赤っぽい？ 赤っぽい順に番号を書こう！

制限時間 5分

う　　　　　　え

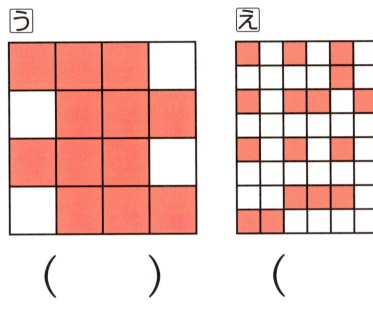

(　　)　　　(　　)

まかせて！
部分/全体 で OK！

ホタテ？
すごーい。

むむむ、
ホタテ、
おそるべし。

$\dfrac{部分}{全体}$ でわかるよ！

あは、9マスのうち6マスが赤いから、$\dfrac{6}{9}$

いは、25マスのうち12マスが赤いから、$\dfrac{12}{25}$

うは、16マスのうち12マスが赤いから、$\dfrac{12}{16}$

えは、64マスのうち24マスが赤いから、$\dfrac{24}{64}$

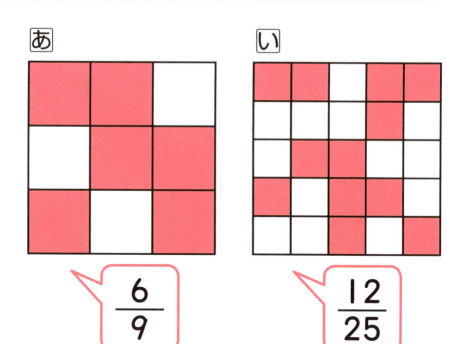

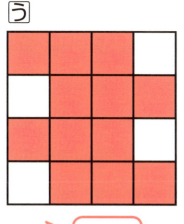 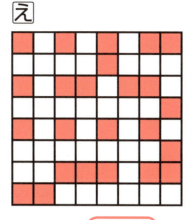

$\dfrac{12}{16}$ $\dfrac{24}{64}$

あ $\dfrac{6}{9}$ 　 $6 \div 9 = 0.666\cdots$

い $\dfrac{12}{25}$ 　 $12 \div 25 = 0.48$

う $\dfrac{12}{16}$ 　 $12 \div 16 = 0.75$

え $\dfrac{24}{64}$ 　 $24 \div 64 = 0.375$

やるね〜 ホタテ！

電たくを使ったらすぐできたよ！

ルンルン

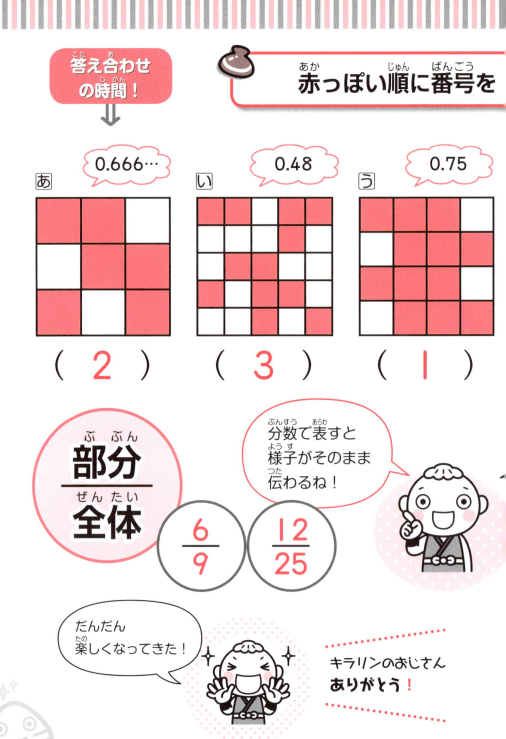

書けたかな？

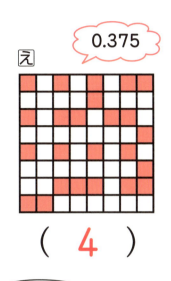

(4)

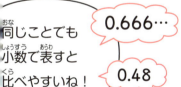

はしによせて
みると、わかるよ！

あ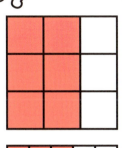

あのほうが
赤っぽい！

い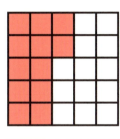

う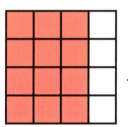
いちばん
赤っぽい！

え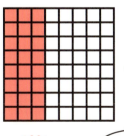
いちばん
赤っぽく
ないよ！

あ、本当だ！

ナイス ウニ!!

赤っぽさの問題が好き！という人のためにサービス問題

もっと早く進みたい！という人は92ページへGO！

赤っぽさの割合が同じ仲間を

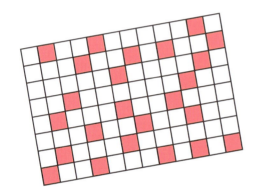
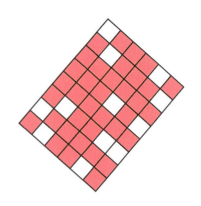
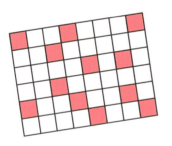
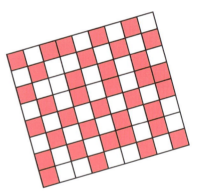
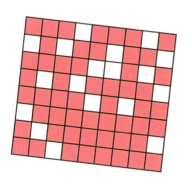
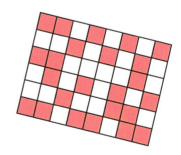

さがして、グループ分けをしよう！

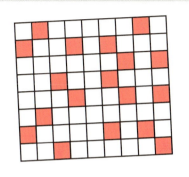

えー？
赤っぽさの
同じ仲間？

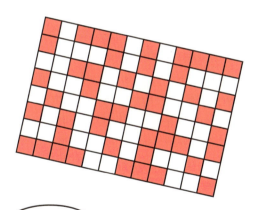

あ！
赤が少しだけの
と、赤が多いの
があるね！

並べかえて
みようよ！

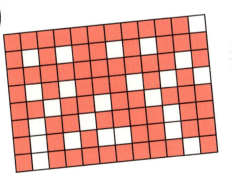

85

割合が同じ仲間をさがして、グループ分け

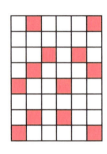
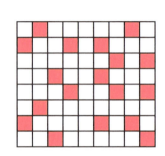
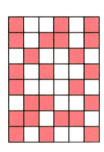
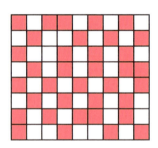
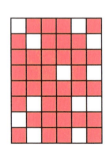
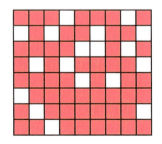

をしよう！

少しだけ赤いのと、中くらいの、たくさん赤いの、の3つに並べかえてみたよ！

ブラボー

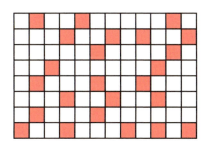

ホントだ！
ちゃんと仲間分けできてる！すごい！

わかった!!

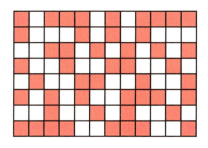

え？仲間分けできてる？

どれが仲間なの？

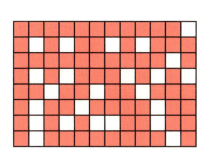

87

マスの数を数えてみたよ！

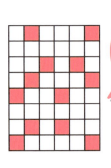

$\frac{12}{48}$…部分
$\frac{}{48}$…全体
$=\frac{1}{4}$ だね！

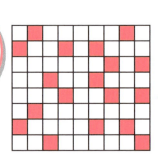

$\frac{18}{72}=\frac{1}{4}$

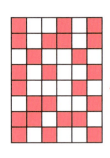

$\frac{24}{48}=\frac{1}{2}$

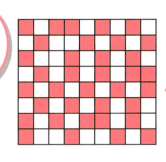

$\frac{36}{72}=\frac{1}{2}$

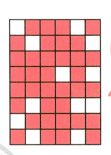

$\frac{36}{48}=\frac{3}{4}$

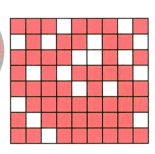

$\frac{54}{72}=\frac{3}{4}$

ホタテ解説！ 部分/全体 で考えるとわかるよ！

ジャーン

$\frac{24}{96} = \frac{1}{4}$

$\frac{1}{4}$, $\frac{1}{2}$, $\frac{3}{4}$ で分けたのね！

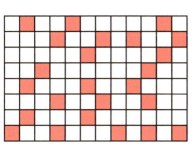

$\frac{48}{96} = \frac{1}{2}$

わかった!!

ふーん！
よく数えたね。

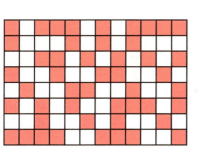

$\frac{72}{96} = \frac{3}{4}$

ホタテ
すご〜い！

数えるのは大変だから

あのね！ 赤いところを

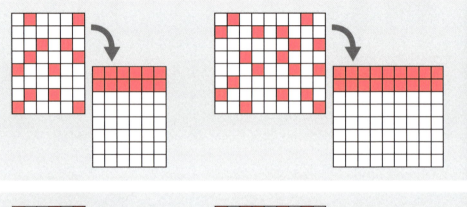

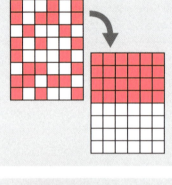 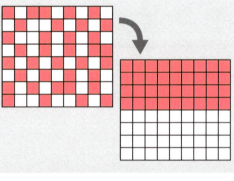

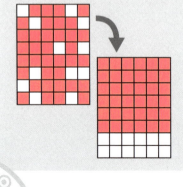 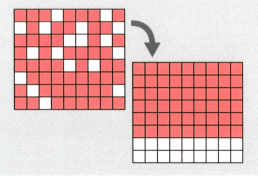

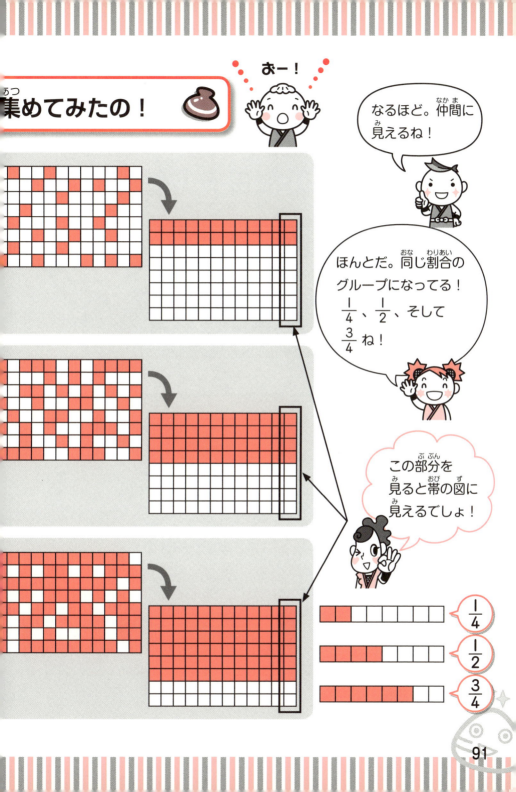

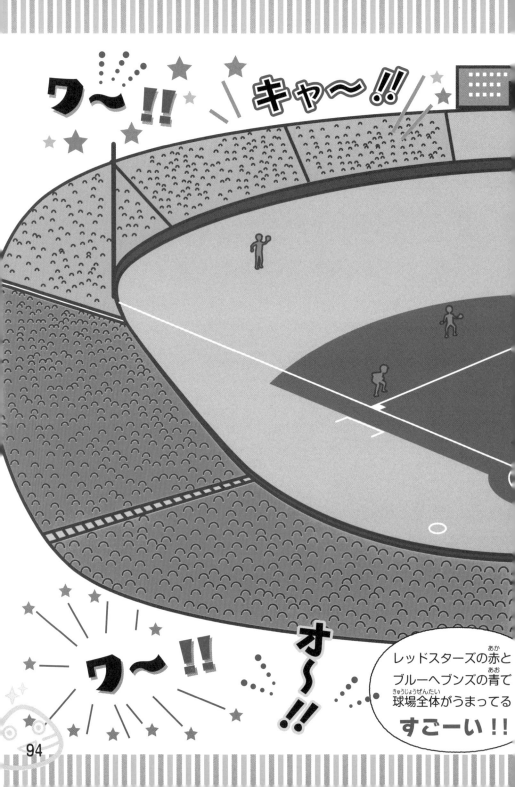

これができれば**合格**

これにもチャレンジしてみる？

赤っぽいのは㋐と㋑のどちら？

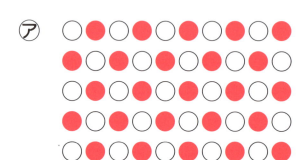

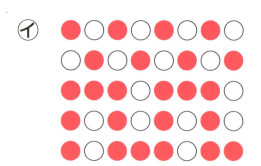

答えは118ページにあるよ！

打数に対する安打（ヒット）の数の割合を、打率というのよ。

へ？

打数に対するヒットの数の割合？

4割って「10回のうち4回ヒットを打った」っていうことでしょ？

そうね。20回のうちの8回でも4割。昨日のヤマダも4割だったわ。

ほら、今日の新聞にのってるよ！
ブルーヘブンズのヤマダは5打数2安打だって。

GoGoスポーツ
ブルーヘブンズのヤマダ
5打数 2安打！

$\frac{4}{10}$ ←4回ヒット ←10回打って $\frac{8}{20}$ ←8安打 ←20打数 $\frac{2}{5}$ ←2安打 ←5打数

4÷10＝0.4　　8÷20＝0.4　　2÷5＝0.4

み～んな4割

へー、0.4だから4割なの？

そういえば、「何割」っていうの、あるよなぁ。

打率も分数で書くとわかるけど…
0.4だから4割？

$\frac{部分}{全体}$ ←安打 ←打数

スーパーのチラシとか…

練製品 3割引 本日～3日間

缶コーヒーいろいろ 2割引

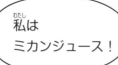

ホタテ、すごいじゃん！

％くらい知ってるよ！

もとにする量を100としたときの比べられる量で、割合を表すこともあるわ。この表し方を**百分率**というのよ。小数で表された割合の**0.01を1パーセント**といい、**1%**と書くのよ。

そんなことより、試合試合!!

あ、見て見て、サッチローが走ったよ！

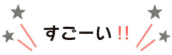

すごーい!!

おー、セーフ！
サッチロー
盗塁まで
決めちゃった！

103

試合の翌日

レッドスターズ よかったね！

はぁ〜

9回サヨナラ 激闘に決着‼

さすがサッチロー！ 4打数3安打！ 1HRだもんね！ 盗塁も決めたし！

さすが！

あー！

レッドスターズ	打	安	点	振	球	本	打率
(中) 森本	4	1	0	2	0		.265
(右) 天野	4	0	0	3	0	⑪	.202
(二) 仁寺	4	1	1	0	0	㉔	.311
(遊) サッチロー	4	3	3	0	0	㉜	.359

見てよ！

新聞に、打率って書いてあるよ！
えーっと、打率っていうのは…

打数に対する安打（ヒット）の数の割合を、打率というのよ。

へ？

打数に対するヒットの数の割合？

4割って「10回のうち4回ヒットを打った」っていうことでしょ？

ねえねえ、
.359ってどういうこと？

.359っていうのは、0.359のことよ！
3割5分9厘っていうのよ！

割合の0.1を**1割**、0.01を**1分**、0.001を**1厘**というように表すことがあるのよ！こういう表し方を、**歩合**というのよ。

割	分	厘
0.3	5	9

サッチロー絶好調だね！
昨日は4打数3安打で
打率7割5分だし。
通算打率も3割5分9厘だし。

通算打率？

通算打率とは…
今シーズンの最初から
昨日の試合までの打数
をずっと計算している
数字ってことだよ！

レッドスターズ		打	安	点	振	球	本	打率
(中)	森本	4	1	0	2	0		.265
(右)	天野	4	0	0	3	0	⑪	.202
(二)	仁寺	4	1	1	0	0	㉔	.311
(遊)	サッチロー	4	3	3	0	0	㉜	.359

※フォアボールは
打率の計算には
ふくまれないよ。

106

ふーん。
3割5分9厘かぁ。

0.359 は百分率でいったら
35.9%だし、分数でいったら
$\frac{359}{1000}$ って表せるわ！

ワサビちゃんって
すごい！

へへへ。じゃあ、ホタテにこの表あげる！
これ見ながら、ゲームしようよ！

割合を表す **分数**	$\frac{1}{1}$	$\frac{1}{10}$	$\frac{1}{100}$	$\frac{1}{1000}$
割合を表す **小数**	1	0.1	0.01	0.001
百分率	100%	10%	1%	0.1%
歩合	10割	1割	1分	1厘

107

 じゃあいくわよ！ 問題

 上と下で同じことを

| 0.3 | $\frac{1}{4}$ | 2割 |

| 25% | 3割 | 4割 |

小数、何割、何％にするんだね！

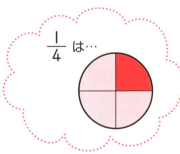
$\frac{1}{4}$ は…

表しているカードを選んで線でつないでね！

| $\frac{2}{5}$ | 6割 | 0.8 |

| 20% | 80% | 0.6 |

$\frac{2}{5}$ って… 5こに分けたら2こ分
10こに分けたら4こ分

みんなもわかった？

答え合わせの時間でーす！

0.3	$\frac{1}{4}$	2割	$\frac{2}{5}$

0.3 ⇔ 3割
$\frac{1}{4}$ ⇔ 25%
2割 ⇔ 20%
$\frac{2}{5}$ ⇔ 4割

25%	3割	4割	20%

$\frac{1}{10}$ ⇔ 0.1 ⇔ 1割 ⇔ 10%が同じって、はじめはピンとこなかったけど、わかってきたら楽しいね！

6割	0.8
80%	0.6

ホタテ、すごいじゃん！

みんなも考えてみてね！

キラリンのおじさん！
割合って割合おもしろいね！
でもさぁ、割合の何割何分何厘って不思議ないい方だよね。どうしてこういうの？

　　今から800年くらい昔、鎌倉時代から室町時代にかけて、お金の計算に、この「割」という単位が使われていたんだ。
　　税金や利子を計算する単位として、当時の文書に「和利」という文字で書かれているよ。※
　　けれど、時代とともに、利子の計算が複雑になってくると、「割」だけではすまなくなって、困ることが出てきたんだって。

　　江戸時代のはじめになると、中国から小数の考えが入ってきて、1の $\frac{1}{10}$ を1分、1分の $\frac{1}{10}$ を1厘、1厘の $\frac{1}{10}$ を1毛…というようによんでいたんだ。
　　利子の計算にも、この小数が取り入れられて、1割の $\frac{1}{10}$ を1分、1分の $\frac{1}{10}$ を1厘、1厘の $\frac{1}{10}$ を1毛…というようになったといわれているよ。

※：「把利」という文字で書かれていることもあるよ。

「分」という字は、1200年以上も昔の奈良時代から、長さ「1寸」、重さ「1匁」の10分の1や、通貨「1両」の4分の1のように、基準の単位の何分の1かを表すときに使われてきたよ。

なかでも「全体を10に分ける」「10等分した1つ」という意味で使われることが多かったんだ。
「その勝負は五分五分だ」とか「桜が三分咲き」とか「七分袖」なんて、ホタテも聞いたことがあるんじゃないかな。
音楽の授業で「4分音符」とか「2分音符」とかいうだろ？ まだ習っていないかなぁ？
そうそう、体温計を見て「36度4分」というときの「分」も1度を10等分した1つ分、という意味で使っているんだよ。

ぼくの平熱は36度5分なんだぁ！
知らない間に「分」って使っていたんだね。

キラリンのおじさん！
なんか、割合が割合じゃなくて、すごく好きになってきたよ！

そりゃ、よかった。

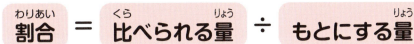

実はこの本では、割合の公式を1つしか勉強していないの。割合の公式はあと2つあるわ！修行編でまたいっしょに勉強しましょうね！

またね!!

確認問題の答え

その1
（p 28）

1 ① 200円　② 1.4倍

2 ① 200円　② 0.6倍

その2
（p 66）赤っぽいのは1号車

赤い帽子をかぶった人の数は同じだけど、全員の人数が2号車のほうが多いから、1号車のほうが赤っぽいよね。

その3
（p 96）赤っぽいのは㋑

㋐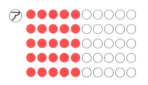

㋑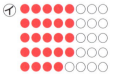

○著者紹介

筑波大学附属小学校　副校長　**田中博史**（たなか　ひろし）

1958年山口県生まれ。
1982年山口大学教育学部卒業。
2012年放送大学大学院にて人間発達科学の分野で修士号取得。
現在、筑波大学附属小学校副校長。筑波大学非常勤講師。
専門は算数教育、学級経営論、人間発達科学(心理学)。
全国算数授業研究会会長・日本数学教育学会出版部幹事・
学校図書教科書「小学校算数」監修委員。
主な著書として『子どもと接するときに本当にたいせつなこと』（キノブックス）
『子どもが変わる接し方』『子どもが変わる授業』（いずれも東洋館出版社）
『田中博史のおいしい算数授業レシピ』『田中博史の楽しくて力がつく算数授業55の知恵』
『対話でつくる算数授業』『算数忍者シリーズ』（いずれも文溪堂）、他多数。

キャラクターデザイン／ふくた　まちこ
装丁・デザイン・イラスト・DTP
熊アート

編集協力
池田直子（装文社）

学力ぐーんとあっぷシリーズ
わくわく 算数忍者⑥ 割合入門編
「割合の公式が使えなくて困っているキミへ」の巻

2018年6月　初版第1刷発行

著　者　田中博史
発行者　水谷泰三
発行所　株式会社 **文溪堂**

〒112-8635 東京都文京区大塚3-16-12
電話　営業：03-5976-1515　編集：03-5976-1511
FAX　03-5976-1518　http://www.bunkei.co.jp/
印刷・製本　図書印刷株式会社

©Hiroshi Tanaka&Kuma Art 2018 Printed in JAPAN.
ISBN978-4-7999-0276-9 NDC 410 120P 210×148mm
落丁本・乱丁本はおとりかえいたします。定価はカバーに表示してあります。

保護者，先生方にも大好評！

もっと割合を学びたい！
きわめたいあなたには…

ISBN978-4-7999-0289-9

500gのお菓子をもとにして、300gと200gのお菓子を比べてみたわ！歩合がわかるかしら？

割合	1	割合	0.6	割合	0.4
百分率	100%	百分率	60%	百分率	40%
歩合	10割	歩合	①	歩合	②

500g　　　300g　　　200g

まかせてよ！
①は6割
②は4割！

次の問題！プリーズ！

ホタテ、ナイス！